Made in the USA
Las Vegas, NV
02 December 2021

35875897R00069